宠物冠状病毒防控手册

◎ 秦彤 主编

中国农业科学技术出版社

图书在版编目（CIP）数据

宠物冠状病毒防控手册 / 秦彤主编 . —北京：中国农业科学技术出版社，2020. 5

ISBN 978-7-5116-4727-6

Ⅰ. ①宠… Ⅱ. ①秦… Ⅲ. ①宠物—日冕形病毒—病毒病—肺炎—预防（卫生）—手册 Ⅳ. ①S858.93-62 ②S856.3-62

中国版本图书馆 CIP 数据核字（2020）第 074492 号

责任编辑 李冠桥 马维玲
责任校对 贾海霞

出 版 者 中国农业科学技术出版社
北京市中关村南大街12号 邮编：100081
电 话 （010）82109705（编辑室）（010）82109702（发行部）
（010）82109709（读者服务部）
传 真 （010）82106625
网 址 http: // www.castp.cn
经 销 者 各地新华书店
印 刷 者 北京地大天成文化发展有限公司
开 本 889mm×1 194mm 1/48
印 张 1
字 数 18千字
版 次 2020年5月第1版 2020年5月第1次印刷
定 价 20.00元

《宠物冠状病毒防控手册》

编 委 会

主　编：秦　彤

参　编：（按姓氏音序排序）

崔尚金　郝雲峰　李少晗

梁　琳　梁瑞英　汤新明

徐　一　由欣月　张广智

朱　宁

序

为帮助公众正确认识宠物冠状病毒，采取科学合理的应对措施，在新冠疫情下不断提高宠物饲养管理水平，中国农业科学院北京畜牧兽医研究所宠物疫病防控科技创新团队组织编写了《宠物冠状病毒防控手册》一书。

本书分为基本常识篇、日常防护篇、防疫治疗篇及常见误区篇四个部分，针对公众关心的热点问题，采用通俗易懂的语言，以问答的形式对如何科学饲养宠物等问题进行了解答，希望对广大读者有所帮助。由于时间仓促，水平有限，不妥之处在所难免，敬请广大读者提出宝贵意见。

编委会

2020年2月

目录

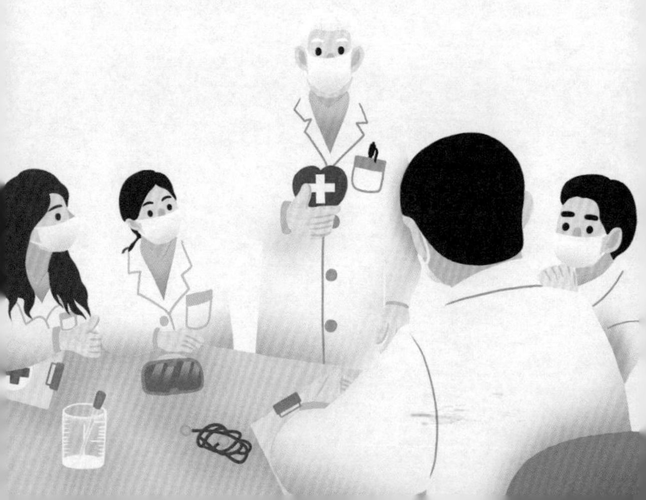

一、基本常识篇

1. 什么是冠状病毒?

答:冠状病毒按病毒学分类属于套式病毒目、冠状病毒科、冠状病毒属，在自然界广泛存在。从形态学上看，冠状病毒是一个球形物，表面垂直伸出很多钉子样刺突蛋白（spike protein）三聚体，病毒依靠刺突蛋白三聚体识别宿主细胞，在电镜下病毒因为形似“皇冠”而得名。

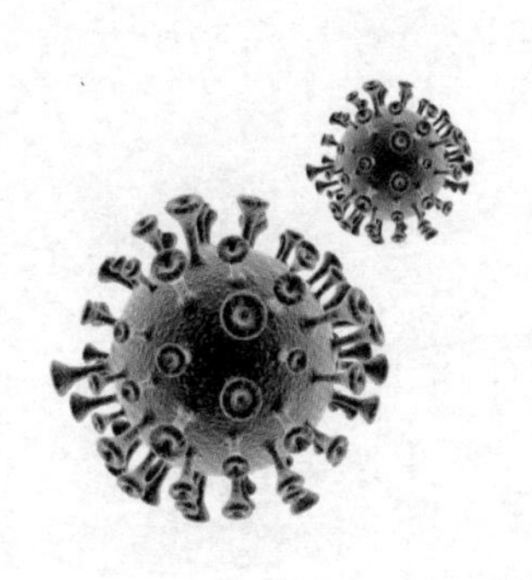

2. 冠状病毒可以分为几个属?

答:按照血清型和基因型特征，冠状病毒分为四个属：α、β、γ和δ。

3. 宠物常见的冠状病毒属于哪个属?

答：宠物常见的犬冠状病毒和猫冠状病毒均属于α属冠状病毒。

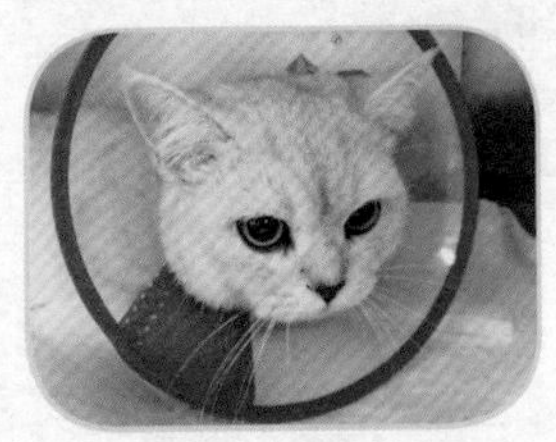

4. 宠物冠状病毒与人冠状病毒是同一个属吗?

答：不是。宠物的冠状病毒是α属，2019新型冠状病毒（新冠肺炎）与SARS冠状病毒（严重急性呼吸综合征）和MERS冠状病毒（中东呼吸综合征）都是β属。

5. 不在同一属的冠状病毒会发生交叉感染吗?

答：不在同一属的冠状病毒，其抗原性不同，感染的宿主类型也不同，交叉感染的可能性较小。

6. 冠状病毒基因组通常多大？

答：冠状病毒基因组大小在27～32kb之间，是目前所有RNA病毒中基因组最大的。

7. 宠物冠状病毒主要包含哪些？

答：主要包括犬呼吸道冠状病毒（CRCV）、犬肠道冠状病毒（CCoV）和猫肠道冠状病毒（FECV）、猫传染性腹膜炎病毒（FIPV）。

8. 与宠物冠状病毒同属的还有哪些病毒？

答：与犬、猫冠状病毒同属的还有猪传染性胃肠炎病毒（TGEV）、猪流行性腹泻病毒（PEDV）、人冠状病毒-229E（HCoV-229E）等。

9. 犬冠状病毒可分为几个基因型?

答：通常，犬冠状病毒特指犬肠道冠状病毒。犬冠状病毒包括两个基因型：CCoV-Ⅰ和CCoV-Ⅱ。两种基因型均可引起犬轻度至中度胃肠炎。

10. 猫冠状病毒可分为几个基因型?

答：猫冠状病毒可分为Ⅰ型和Ⅱ型两个基因型。Ⅰ型和Ⅱ型均可引起猫传染性腹膜炎。

11. 冠状病毒是如何侵染细胞的呢?

答：冠状病毒侵染细胞分为7个步骤：①病毒和宿主细胞表面的蛋白进行匹配，

匹配成功后通过细胞“保洁员”溶酶体进入细胞；②溶酶体将保护病毒“核心”RNA的外膜溶解；③这正合病毒的“心意”，帮助它将自己的RNA释放到细胞内，并且完成转录，合成自身繁殖所必需的酶；④利用合成的酶不断复制自己；⑤复制出的子代病毒RNA利用细胞的一些“蛋白质、糖类工厂”合成包裹自己的膜；⑥将膜和子代RNA组装成完整的病毒；⑦病毒“搭乘”细胞内质网，到达细胞膜，通过膜融合释放出去。释放出的新病毒再重新感染细胞，逐步壮大它们的队伍。

12. 冠状病毒是如何变异的呢?

答：冠状病毒的基因组较大，复制时碱基出错的概率会很大，导致冠状病毒极易变异。病毒的频繁变异，可能会产生一些新的特性，如感染新类型的细胞，或者感染新的物种等。

13. 宠物冠状病毒对于环境抵抗力如何?

答：该病毒对脂溶剂，如乙醚、氯仿、脱氧胆酸盐敏感，对热敏感，抵抗力不强，对大多数的消毒剂敏感。

14. 宠物冠状病毒病主要在一年中哪个时间段发病?

答：冠状病毒病一年四季均可发病，但以气温较低的冬季多发，这与病毒对热敏感，对低温有抵抗力的特点有关。

15. 宠物冠状病毒的传染源来自哪里?

答：传染源主要是患病宠物、处于潜伏期或康复后体内仍携带病毒的宠物。所以康复后的犬猫仍可散毒，造成环境污染，这一特点很容易被人们忽视。

16. 宠物冠状病毒是怎么传播的?

答：病毒通过直接接触和间接接触，经呼吸道和消化道传染给健康犬猫及其他易感动物。妊娠的犬妈妈、猫妈妈也可以经胎盘垂直传播给胎儿。

17. 宠物冠状病毒的潜伏期有多长?

答：潜伏期一般为1～5天。

18. 哪些犬比较容易感染冠状病毒?

答：犬冠状病毒主要感染犬科动物，不同年龄、性别、品种均可感染，但12周龄以下的幼犬较为易感，出生后1～2天幼犬也可感染，而且死亡率极高。

19. 哪些猫比较容易感染冠状病毒?

答：各生长阶段的猫均可感染，但以6个月至2岁的猫最为易感，5～13岁的猫发病率较低。

20. 犬感染冠状病毒后有哪些临床症状?

答：犬感染呼吸道冠状病毒后可引起轻微的呼吸道症状。

犬感染肠道冠状病毒后精神沉郁、食欲不振、嗜睡，多数无体温变化。先呕吐，持续数天后开始腹泻，粪便呈粥样或水样，红色或暗褐色或黄绿色，恶臭，混有黏液或少量血液。病程7～10天，有些幼犬发病后1～2天死亡。成年犬的自身抵抗力较强，死亡病例较少。

21. 犬冠状病毒是单独发病的吗?

答:不是，犬冠状病毒经常和犬细小病毒、轮状病毒等混合感染，诊断时应予以鉴别。冠状病毒与细小病毒混合感染时会加重病情，应高度重视，并及时就医。

22. 犬冠状病毒病与犬细小病毒感染在发病症状上有什么区别?

答:①犬细小病毒发病时多数会出现发热症状，而犬冠状病毒则无。②犬细小病毒发病时呕吐腹泻同时发生，而犬冠状病毒病则是呕吐数天后，快要停止时才出现腹泻。③犬细小病毒粪便呈番茄汁样，类似于血中混着水。而犬冠状病毒病粪便呈粥样或水样，红色或暗褐色，混有黏液或少量血液，类似于粪便中夹杂着黏液或血液。

23. 犬瘟热与犬冠状病毒病症状一样吗?

答：不一样。犬瘟热导致犬体温呈双向热，体温升高至39.5～41℃，持续2天后恢复常温，食欲也恢复，2～3天后再次发热并且持续数周之久；有呼吸道症状和震颤、抽搐等神经症状；流脓性鼻涕，结膜暗红有脓性分泌物；腋下有脓疱状丘疹，脚垫过度角质化。

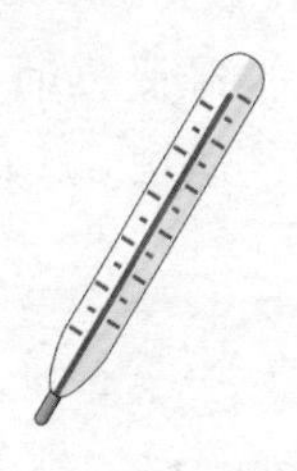

24. 猫感染冠状病毒后有哪些临床症状?

答：猫感染肠道冠状病毒后出现呕吐、腹泻等胃肠道症状，死亡率一般较低。变异的冠状病毒常会引起猫传染性腹膜炎。病猫食欲不振，精神委顿，身体虚弱，继而体温高达39.7～41℃，日益消瘦衰竭。

临床上常见的两种类型：①渗出型（湿型）又称腹水潴留型。发病1～6周后即见腹部肿胀，腹腔内积聚大量液体，穿刺可见腹水呈卵黄色，遇空气容易凝固。触诊腹部有明显波动感。病程2周至2个月，多数转归死亡。②非渗出型（干型）。几乎不发生腹水，肝、肾、肠系膜淋巴结等出现肉芽肿。眼角膜水肿，虹膜、晶状体炎症，眼房水浑浊、变红、有凝块。当中枢神经受损时，后躯运动障碍，轻度瘫痪。病程1～8周，多数转归死亡。

25. 在临床上采用什么方法诊断宠物冠状病毒病?

答：临床上犬冠状病毒感染常使用胶体金试纸条进行快速检测，该法操作简便快速、较为精确，检测操作时间仅需10分钟左右。猫感染传染性腹膜炎多采用临床症状、超声、X光和血液生化检查相结合的方式进行初步诊断，确诊则需要实验室检测。

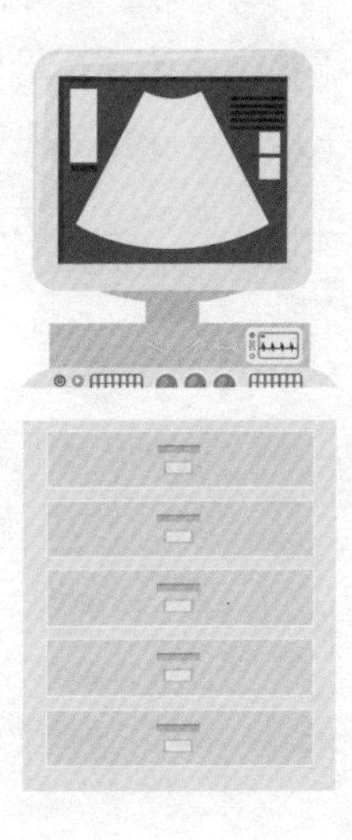

26. 在实验室采用什么方法诊断宠物冠状病毒病？

答：①用电子显微镜检查，可见到典型的“皇冠”状病毒粒子；②RT–PCR是实验室检测比较常用的方法；③血清中和试验和间接ELISA方法。

27. 常见的人宠共患病有哪些?

答：常见的人宠共患病主要有：狂犬病、弓形虫、钩端螺旋体病、布鲁氏菌病等，此外，寄生虫病、皮肤病等也较为常见。因此，宠物主人要做好自身防护，避免感染人宠共患病。

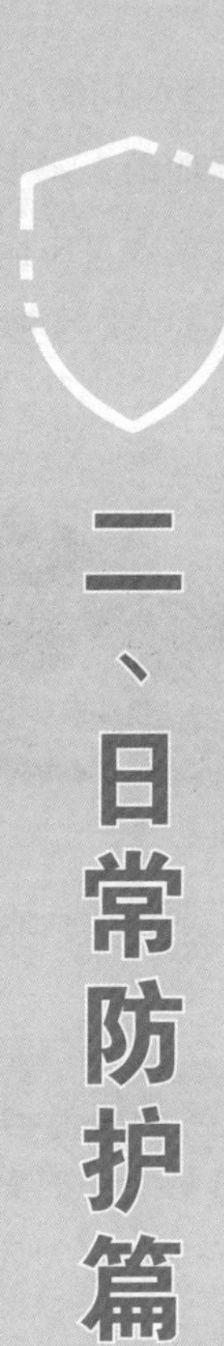

二、日常防护篇

1. 预防宠物冠状病毒感染在日常饮食方面需注意些什么？

答：日粮应营养搭配均衡，注意补充维生素和微量元素添加剂；饲喂量不要过大；将食物煮熟，避免喂食生肉，降低消化系统负担；饮用水要及时更换；避免饲喂过期、霉变食物。

2. 预防宠物冠状病毒感染在环境方面需注意些什么？

答：定期对犬舍及其用具清洗消毒；定期开窗通风；及时对宠物的粪便、尿液等排泄物进行清理，宠物主人处理后要及时用肥皂或洗手液洗手，避免一些细菌在宠物和主人间进行传播。

3. 预防宠物冠状病毒感染，宠物外出活动时需注意些什么？

答：应定期带宠物外出活动，提高免疫力，减少疾病发生。但要避免去宠物集中的场所，如公园、宠物商店等。外出活动时应避免其与其他宠物密切接触，避免其单独活动、吞食不干净的食物、接触其他宠物粪便等。

4. 对宠物笼具或窝舍进行清洁消毒有哪些注意事项？

答：饲养宠物的笼具最好选择不锈钢丝、塑料等表面光滑、易于清洗的材料，要定期进行清洁、消毒，每周至少一次。一般是先用清水清洗一下笼具，清除掉杂物，然后用液体消毒水或消毒片、消毒粉稀释后喷在笼具上，晾干即可。

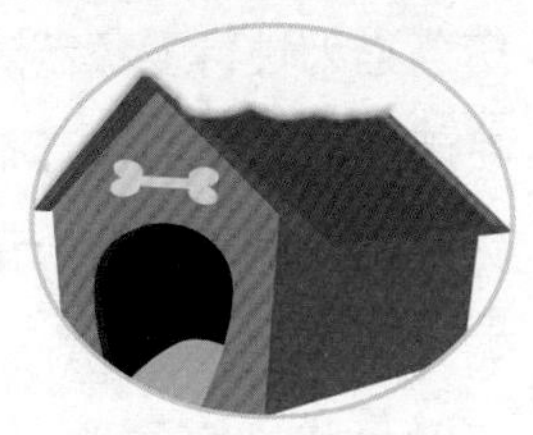

5. 对宠物食具及其他用具进行清洁消毒有哪些注意事项?

答：食具及其他用具应选择铝、铸铁、陶瓷及塑料等材质，便于浸泡、清洗、消毒。通常需多准备几个食具，每次用后应及时更换，残留食物要及时清除。清洗时可在消毒剂中浸泡，取出后用清水冲洗干净，晾干即可。

6. 选择宠物消毒剂时应关注什么?

答：犬天性喜爱嗅来嗅去，刺激性的消毒剂很容易被吸入肺部，造成慢性呼吸道损伤。猫天性喜爱舔舐清洁毛发，很容易将喷洒到毛发上的消毒剂食入体内，造成消化系统损伤，甚至中毒。幼龄、老龄和妊娠犬猫要特别注意。所以对宠物身体消毒时最好选择较为温和、不刺激、绿色环保、无毒的消毒剂，对宠物用具消毒可以选用75%医用酒精、含氯消毒剂、醛类消毒剂等进行擦拭或浸泡。

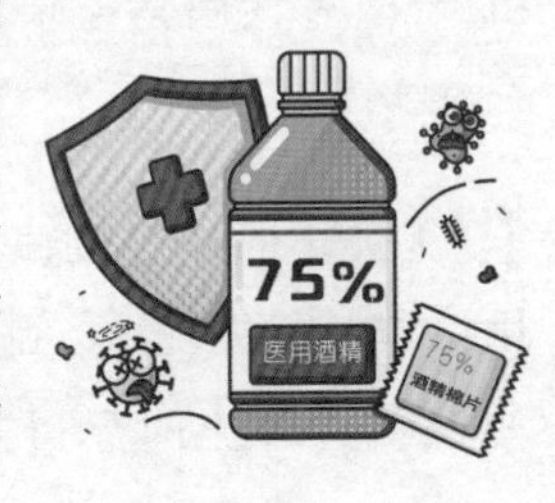

7. 配制和使用消毒剂有哪些注意事项?

答: 配制和使用时应注意个人防护，包括口罩、帽子、手套和工作服等，配制消毒剂时为防止溅到眼睛，建议佩戴防护镜。

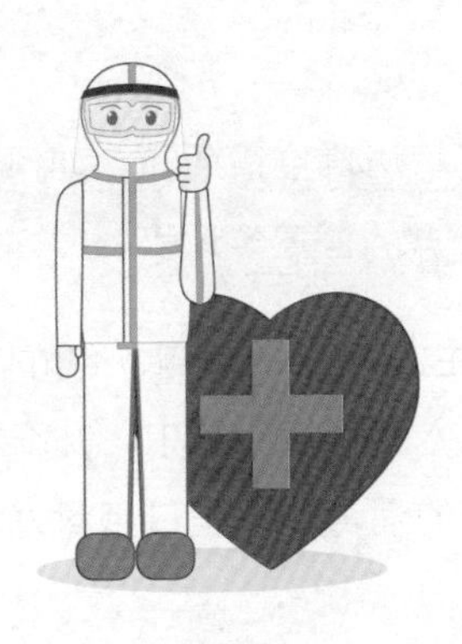

8. 新型冠状病毒疫情期间，怎样科学养宠物？

答：①外出时给宠物佩戴牵引绳和宠物专用口罩，避免乱舔、乱嗅、触碰到可疑传染源；②外出时尽量避免去人群密集区域；③回家进门前可以用75%酒精对宠物四肢进行消毒，然后再用温和的宠物专用体表消毒剂对体表进行消毒；④对宠物生活环境、笼具、食具、玩耍物品、沙盆等需要定期进行消毒；⑤如果发现宠物出现精神沉郁、体温升高、咳嗽、呼吸困难等症状时，要尽快咨询宠物医师进行处理。

9. 新型冠状病毒疫情期间，如何处理宠物主人遗弃的口罩等垃圾？

答：宠物主人产生的口罩、纸巾等污染垃圾，应放入专用垃圾袋中，并在垃圾袋中喷洒适量的消毒剂，把口密封好，放置到宠物接触不到的地方，避免其对污染垃圾闻嗅、撕咬等。

10. 如果宠物主人生病了，如何防止将病原传播给宠物?

答：宠物主人在生病期间应该尽量避免接触宠物，如果必须要接触，应该佩戴口罩并做好相关防护措施，避免将自身疾病传播给宠物。

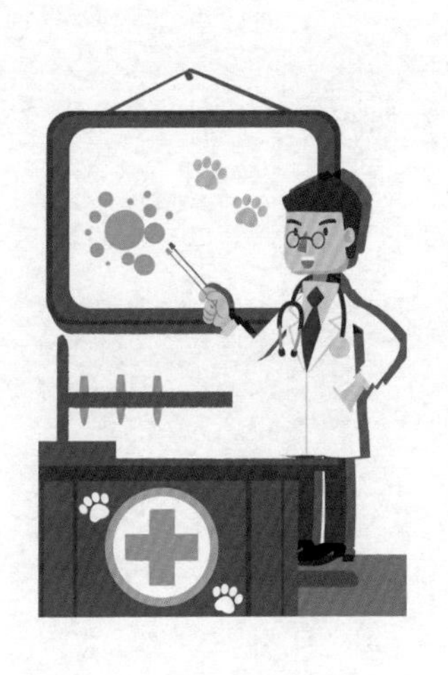

11. 为避免疾病传播，人们应该如何对待流浪犬猫?

答：相关部门应建立流浪动物收留点、流浪动物救助中心等，对流浪动物登记造册，并做好疫病监测，方便爱心人士领养。新型冠状病毒流行期间应采取隔离措施，避免流浪动物四处活动，防止病原的扩散。

三、防疫治疗篇

1. 预防宠物冠状病毒病的关键点是什么？

答：预防冠状病毒病最主要的是避免接触感染宠物及其排泄物。同时，尽量避免多宠物饲养，新进宠物做好隔离、做好环境清洁消毒、均衡饮食、加强运动，从而提高机体免疫力是预防该病的关键。

2. 常用宠物疫苗包括哪些种类？

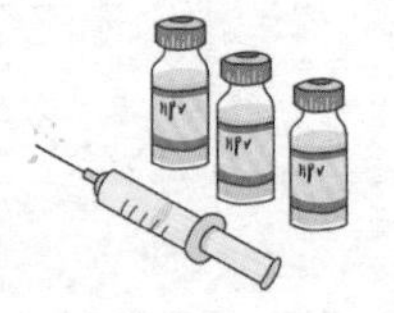

答：宠物疫苗分活疫苗和灭活疫苗。活疫苗就是弱毒苗，是强毒株在特定条件下生长，使得其毒力减弱或丧失后制备的疫苗。灭活苗指将病原微生物灭活，但仍保留其免疫原性，接种后使动物产生中和抗体，达到保护作用。

3. 目前有预防犬冠状病毒病的疫苗吗？

答：目前预防犬冠状病毒病常用的是犬八联疫苗，可预防犬瘟热、细小病毒、传染性肝炎、犬腺病毒2型、犬副流感、钩端螺旋体、冠状病毒、出血性黄疸钩端螺旋体病8种疾病。

4. 目前有预防猫冠状病毒病的疫苗吗?

答:到目前为止，国内尚无预防本病的疫苗。由于该病毒特殊的感染机制，使得常规疫苗和重组疫苗效果不佳。在美国和一些欧洲国家有一种疫苗，通过鼻腔给药，可针对温度敏感性猫冠状病毒突变毒株，但其功效存在争议。

5. 犬疫苗的免疫程序是什么?

答:幼犬满45日龄后，首免犬四联/六联/八联疫苗，间隔3周再次免疫，再间隔3周第三次免疫，共三针。满3月龄后接种狂犬疫苗。此后每年加强免疫一次。

6. 猫疫苗的免疫程序是什么?

答:猫8~9周龄接种猫三联疫苗（猫瘟、

猫杯状病毒感染和传染性鼻气管炎）；间隔3～4周再接种猫三联疫苗及狂犬疫苗；14周龄以上再次接种猫三联疫苗及狂犬疫苗。此后每年加强免疫一次。

7. 妊娠母猫如何预防冠状病毒感染?

答：本病可能导致妊娠母猫流产、死产，因此母猫怀孕期应尽量避免外出，保持清洁、卫生的生活环境。定期到宠物医院进行血清学检测，分娩前1～2周应该搬到隔离产房。

8. 刚出生或未断奶的幼犬如何预防冠状病毒感染?

答：初乳中含有较高水平的母源抗体，幼犬应保证吃足奶，在短时间内不会感染冠状病毒。此外，不给幼犬洗澡，不带幼犬外出，尽量减少与其他犬接触，保持饲养环境清洁、卫生。按照规程接种疫苗。

9. 宠物疫苗通常通过什么途径进行免疫接种?

答：现有宠物疫苗一般通过皮下接种，目前暂无口服疫苗。

10. 宠物接种疫苗前后应注意什么?

答：接种前一周确保宠物健康，饮食饮水正常；接种后应在动物医院观察20～40分钟后再离开，确保无过敏反应。注射前后2～3周不应使用血清等具有抗体活性的产品，也不应使用有免疫抑制作用的药品，注射后2～3周尽量不要更换食物、洗澡，以免生病影响免疫效果。

11. 宠物注射疫苗后会出现哪些不良反应?

答:临床在注射疫苗后，宠物会出现低烧、抑郁、食欲不振、嗜睡及虚弱等现象，大部分临床症状会在1～2天后减轻或消失；若症状持续或有恶化倾向，主人应及时与宠物医师取得联系。

12. 犬感染冠状病毒后，应该如何治疗?

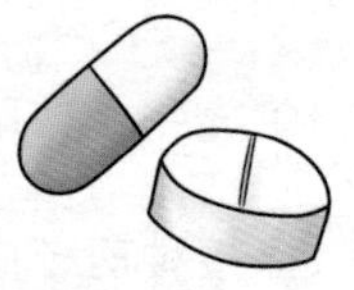

答:应采取对症治疗，可使用维生素B_6、爱茂尔、胃复安等止吐，使用止血敏等止血，阿托品等止痛；静脉注射乳酸钠林格进行补液；配合使用抗病毒药物，氨苄青霉素等抗细菌药物防止继发感染；同时加强护理，注意保暖。此外，发病早期还可使用犬高免血清和免疫球蛋白，有较好的治疗效果。

13. 猫感染冠状病毒后，应该如何治疗？

答：应用糖皮质激素抑制与FIP相关的炎症反应；使用抗病毒药3c蛋白酶抑制剂和核苷类似物进行抗病毒治疗；同时配合使用泰乐菌素、干扰素等免疫调节药物；还应对患猫进行支持治疗，包括输液纠正脱水，输蛋白纠正低蛋白，以及留置鼻饲管保证营养的供应等。

14. 在疾病治疗期间，为帮助宠物恢复，日常护理应该注意些什么？

答：对呕吐、腹泻严重的患犬，需禁食、禁水，并注意保暖；在恢复期要控制饮食，少喂多餐；饲喂容易消化的食物，可饲喂犬肠道病处方粮，切忌饲喂难以消化的肉食等。猫患病治疗期间，主人应为病猫保暖，饲喂富含高蛋白、矿物质以及维生素的流质食物。帮助猫清理口鼻处分泌物，确保呼吸顺畅。

15. 宠物主人应该如何处理患病后宠物的呕吐物、排泄物?

答：少量污染物可用一次性纱布、抹布等沾取消毒剂（或能达到高水平消毒的消毒湿巾）小心移除；大量污染物应使用一次性吸水材料（干毛巾）完全覆盖后用足量的消毒剂浇在吸水材料上消毒，消毒时间在30分钟以上，小心清除干净，再用消毒剂擦（拖）污染区域。处理污染物应戴手套与口罩，处理完后最好更换衣服。

16. 新型冠状病毒流行期间，如果宠物生病了，主人应该怎么做?

答：首先应电话咨询宠物医院如何处理，按照医师嘱托做好防控和治疗，尽量避免直接带宠物前往宠物医院。

四、常见误区篇

1. 宠物会感染或传播新型冠状病毒吗?

答：目前，虽有犬、猫感染新冠病毒的报道，但仍属于个例事件。世界卫生组织提出，目前没有证据显示宠物和新冠病毒传播有密切关联。与宠物接触或处理宠物粪便后，一定要正确洗手。

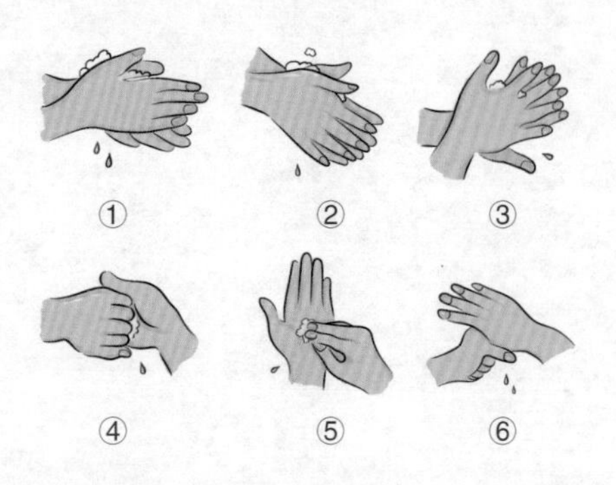

2. 在新型冠状病毒流行期间，要弃养宠物吗?

答：目前尚没有证据显示犬、猫或任何宠物能将新冠病毒传染给人类，所以宠物主人没有必要弃养宠物。

3. 孕妇家中一定不可以养宠物吗?

答：虽然宠物有传播弓形虫的风险，但是

只要宠物做好疫苗防护和弓形虫血清学检测，并且注意宠物饮食、环境卫生，注意定期清洗消毒，在主人怀孕期间是可以养的。

4. 酒精的浓度越高消毒效果越好吗?

答：在用酒精进行消毒时，最好选择75%的医用酒精，因为这个浓度的酒精与细菌的渗透压相近，可以很好地渗入细菌内，使得细菌蛋白脱水、变性、凝固，起到很好的消毒效果。所以说并不是浓度越高的酒精消毒效果越好。

5. 新型冠状病毒流行期间，宠物外出需要佩戴人用防护口罩吗?

答：人用防护口罩和宠物的脸部结构不符合，并不能达到防护效果。更重要的是，宠物感染冠状病毒是通过口腔、消化道感染，并不是通过呼吸道。可以给宠物佩戴合适的口具，避免其接触粪便等传染源。

6. 注射过疫苗后，宠物就不会得冠状病毒病了吗？

答：宠物接种疫苗后不能立即产生免疫保护作用，需要在体内反应一段时间，产生的中和抗体达到一定水平后才能起到保护作用，在这段时间内，宠物对病毒是没有免疫防护的，所以不能掉以轻心，要格外注意。

7. 为了预防疾病，应该尽早给宠物注射疫苗吗？

答：注射疫苗时需要注意母源抗体的干扰。刚出生、未断奶的幼仔体内的母源抗体水平较高，过早地注射疫苗起不到很好的免疫效果，应按规程合理接种疫苗。

8. 为了给宠物补充营养，只饲喂肉蛋奶等高蛋白质食物可以吗?

答：日粮中只有肉蛋奶会给宠物胃肠道造成较大负担，易引发犬冠状病毒病、犬细小病毒病等疾病；适量补充维生素等其他营养物质，可增强机体免疫力，提高宠物健康水平。

9. 新型冠状病毒流行期间，宠物主人需要抓紧给宠物注射疫苗吗?

答：面对疫情，应避免过度恐慌，及时咨询宠物医师，按照规程合理接种疫苗。

主要参考文献

柏亚铎. 2005. 犬瘟热病毒、犬冠状病毒入侵宿主细胞机制研究[D]. 北京：中国农业大学.

扈荣良. 2014. 现代动物病毒学[M]. 北京：中国农业出版社.

李雯雯，王琳琳，洪国平，等. 2019. 一例3C类蛋白酶抑制剂治疗猫传染性腹膜炎的病例分析[J]. 黑龙江畜牧兽医（20）：82-85，176.

廖列如. 2007. 犬冠状病毒的分离鉴定及其S基因的克隆[D]. 杨凌：西北农林科技大学.

陆承平. 2001. 兽医微生物学[M]. 北京：中国农业出版社.

罗满林. 2013. 动物传染病学[M]. 北京：中国林业出版社.

师志海，邢会杰，张一帆，等. 2006. 猫传染性腹膜炎的诊断与防治[J]. 中国兽医杂志（8）：48-49.

王广龙，王勇，戴健涛，等. 2018. 猫传染性腹膜炎研究进展[J]. 黑龙江畜牧兽医（7）：62-65，247.

王静. 2018. 犬冠状病毒的分离鉴定及两种检测方法的建立[D]. 北京：中国农业科学院.

余春，夏咸柱. 1999. 犬冠状病毒病的病原、诊断及免疫研究进展[J]. 黑龙江畜牧兽医（12）：35-37.